编委会

U0296029

序

　　第十一届中国（郑州）国际园林博览会山水豫园盆景展，经过了近半年的组织和策划，在中国风景园林学会及郑州市园林局指导下，由中国风景学会花卉盆景赏石分会负责具体实施，已圆满完成了各项展示活动，得到了社会各界的一致好评。本次展览活动具有非常重要的意义，虽然场馆不大，但是设计巧妙，把盆景与生活，盆景与书画，盆景山野草及赏石有机结合起来，使盆景更贴近生活，对促进盆景走入千家万户起到了很好的推动作用，在此特别感谢悉地国际的精心设计和创意，为大家奉献了一场精彩的视觉盛宴。同时还要感谢河南省盆景协会和江苏盆景协会联盟的大力支持和组织，丰富多彩、风格多样的优秀作品和赏石，为此次展会锦上添花，许多河南的特色盆景也得到了大家的关注和称赞。相信通过此次展览的成功举办，一定会更好地促进河南盆景的发展和繁荣，使之走向全国，走向世界，为实现中国盆景的强国梦作出应有的贡献！

　　也相信此书的出版会很有纪念意义，把这些优秀的作品和活动的内容记录下来，让更多的人看到此次活动的精彩瞬间，并将其收藏！

世界盆景友好联盟荣誉主席、国际盆景协会（BCI）中国区委员会执行主席

胡运骅

2018 年 3 月

第十一届中国（郑州）国际园林博览会
山水豫园盆景展展赛作品集

郑州市园林局
郑州航空港经济综合实验区　　　　　编著
中国风景园林学会花卉盆景赏石分会

中国建筑工业出版社

图书在版编目（CIP）数据

第十一届中国（郑州）国际园林博览会山水豫园盆景展展赛作品集 / 郑州市园林局，郑州航空港经济综合实验区，中国风景园林学会花卉盆景赏石分会编著. —北京：中国建筑工业出版社，2018.5

ISBN 978-7-112-22226-1

Ⅰ . ① 2… Ⅱ . ① 郑… ② 郑… ③ 中… Ⅲ . ① 盆景-观赏园艺-中国-图集 Ⅳ . ① S688.1-64

中国版本图书馆CIP数据核字（2018）第088058号

责任编辑：李　杰
书籍设计：韩蒙恩
责任校对：王　瑞

第十一届中国（郑州）国际园林博览会
山水豫园盆景展展赛作品集

郑州市园林局
郑州航空港经济综合实验区　　　　　编著
中国风景园林学会花卉盆景赏石分会
*
中国建筑工业出版社出版、发行（北京海淀三里河路9号）
各地新华书店、建筑书店经销
北京雅昌艺术印刷有限公司印刷

开本：787×1092毫米　1/16　印张：5 $\frac{1}{4}$　字数：128 千字
2018 年 5 月第一版　2018 年 5 月第一次印刷
定价：60.00 元
ISBN 978-7-112-22226-1
（32042）

目录

展赛背景

（一）第十一届中国（郑州）国际园林博览会概况

由住房和城乡建设部、河南省人民政府共同主办，郑州市人民政府、河南省住房和城乡建设厅、中国风景园林学会、中国公园协会共同承办的第十一届中国（郑州）国际园林博览会，在郑州航空港经济综合实验区举办，展期从 2017 年 9 月至 2018 年 5 月，历时 8 个月。

本届园博会以"传承华夏文明、引领绿色发展"为主题，以"百姓园博、文化园博、海绵园博、智慧园博"为特色，旨在打造一届弘扬中华文明重要发源地文化特色的园博会。

（二）山水豫园盆景展展赛概况

本着"引领绿色发展，传承华夏文明"的指导思想，倡导社会主义精神文明，弘扬华夏传统文化，彰显民族盆景风格，激发市民热爱自然、保护自然和追求美好生活的热情，本届园博会盆景展览是我国专业层次较高的盆景精品展览会，展示目前中国园林界盆景的水平和最新成果，使盆景更贴近生活，更具艺术性，使盆景走入千家万户。此次盆景展示共分为五大主题及专题盆景展，分别是：盆景历史及中州盆景特色展示、盆景与生活、禅意盆景与山野草、微型盆景、盆景与书画赏石组合展示。展览以树桩、山水、水旱、微型组合等形式盆景作品为主，共 200 余盆（组）。同时，根据作品类别及环境因素，将整个展览分为室内、室外展区；根据作品风格及主题因素，又分为四大主题展馆。

特此邀请：

中国风景园林学会花卉盆景赏石分会名誉理事长	胡运骅先生（左4）、
中国风景园林学会花卉盆景赏石分会常务副理事长	李克文先生（左2）、
中国盆景艺术大师	赵庆泉先生（左3）、
中国盆景艺术大师	沈柏平先生（左1）、
河南省盆景协会会长	禹端先生（右3）、
郑州盆景协会	姚乃恭先生（右2）、
BCI国际盆景大师	史佩元先生（右1），

担任评委及监委工作。

本次展览共评选出金奖、银奖、铜奖作品共计121组。

展赛分区与主题

展馆介绍

一号展馆	1 楼　景秀满堂
	2 楼　书香茶韵
四号展馆	诗情画意
五号展馆	A 馆　古韵今风
	B 馆　山水怡情
	C 馆　硕果满园
六号展馆	山野逸趣

一号展馆

　　盆景制作与书画的立意构思、造型设计、结构布局、风格神韵等诸多方面不无关联，一号展馆意在盆景制作过程中融入一定的书画艺术"基因"。盆景是以古雅的风格集中典型地再现人自然神貌，神形兼备，情景交融，书画同样是对生活与自然的反映。可见盆景艺术与书法艺术是血水相溶的。一号展馆有两层，营造出生活化的场景，体现盆景与生活密不可分的关系。一楼为中式厅堂空间，以正厅中轴线为基准，家具采用成组成套的对称方式摆放，体现出庄重、高贵的气派。沿楼梯上二楼进入到传统中式书房空间。

一号馆二楼实景

一号馆一楼实景

四号展馆

　　四号展馆主要展示传统赏石，以苏派赏石为主，体现赏石与盆景、赏石与书画。传统赏石是以古雅的文人风格集中典型地再现了大自然地神韵，神形具备，情景交融，可见赏石艺术与盆景书画艺术是血水相溶的！

郑州豫园建筑规模宏大，建设规划合理，建造工艺精湛。鸟瞰全局用宏大一词亦不为过，亭台楼阁参差成势，高低树木错落成景，湖石花草点缀成趣，池水鳞波微风可见……彰显了郑州人积极向上、生活安逸的精神面貌。

造园文化体现了中国传统文化中的"天人合一"之道，古人"乐于山水间，不疲涉足辛"，足不出户坐卧青山绿水之间。造园置景逸志延年。在各种园林景观中，上至官府僚家，下至文人商贾，盆景摆放和供石装点均为自然而然的首选，这是精神层面的视觉感受，随处可见立体的画作，仿佛置身于诗一般的生活。其中更深层面的剖析限于篇幅，不细赘述……

本次视觉盛宴中，苏州苏派赏石文化研究会积极响应，精选会员庋藏的三十余件佳品参展。赏石乃主观认知世界，与客观自然形态的沟通，由此进入静态思维，油然产生诗一般的情怀。缘石之人谓石痴石迷，其实都是在"食无求饱，居无求安"之后的闲情雅致。石丑即为美，这里所指的"丑"其基本点或奇或怪。石之可赏天地所造，讲究自然或嶙峋独立，或横卧过桥，或像形神似，千姿百态，瞬息万变。苏轼品石要求"绉、瘦、漏、透"，其赏石步骤是递进式的。"绉"似涵澹澎湃，如波浪激荡；"瘦"似峥嵘奇伟，如陡峭险峻；"漏"似玄妙幽通，如九曲连环；"透"为其后，似月园明亮，如酷实减负。

石无语却最可人，山无石不峻，水无石不秀，宅无石不安，人无石不寿。赏石的过程悦目怡心，让人心因雅而敛，苏派赏石讲究环境的相附相存，依庭堂明暗放置不同造型观石，不同大小的供石配置形态各异的几案，而书斋文房中摆放内容适中的赏石。这与园林博古置景息息脉动，气氛端庄和谐而又舒适雅致，人在其中修身养性陶冶情操。远古人类以石为器，今人以石为伴装点生活。故石可养人，人何不养石乎？古往今来石与人类之间有着不解的缘……

　　盆景起源于中国，有着千年的历史，孕育了诸多流派，中州盆景独具特色，深受广大盆景爱好者的喜爱，也是学习盆景的一个重要部分。园林园艺博览会有必要把这一部分的内容涵盖进去。在此主要展示中州盆景的特色。

　　河南，地处华夏腹地，雄踞中原，维系八方。因古代位居九州之中，故而又名中州。自改革开放以来，在全国盆景界竞创艺术流派或地方艺术风格的大潮中，河南以中州而冠名的中州盆景亦应运而生。中州盆景，在中国盆景中占有突出的地位。中州盆景的艺术风格，是中国盆景民族风格的重要组成部分。

　　中国盆景界对盆景流派和艺术风格的界定，以树种的取材以及造型技艺为主要标准。现代中州盆景，是以河南富有的杂木类或常青类树种为取材，以剪扎并用的造型技术，以垂枝式、云片式、自然式的外在形式，以中国画的绘画原理和自然界中观赏性强的树木为蓝本，借以表现长江以北、大河上下广袤地区自然风光的一门综合性艺术。

　　中州盆景源于东汉，兴于唐宋，盛于明清。唐宰相李德裕在洛阳的平泉山居，白居易在洛阳的履道里园，均置有盆景。白居易《题牛相公归仁里宅新成小滩》一诗中的山水盆景，为洛阳石所制作。景中洛阳——伊河一带的自然风光有山有水有植物。当时中州盆景以地方素材表现地方景色的艺术手法已十分成熟。

　　北宋开封的寿山艮岳和许多达官显贵的私人园林也置有盆景。宋徽宗赵佶亲自绘制的《祥龙石》盆景图和北宋名画《听琴图》中的盆景，亦即当时的中州盆景，代表着自东汉

至北宋历史时期中国盆景的最高艺术成就。

　　中州盆景，在长期的历史演化中形成了阴阳并重、刚柔相济、婀娜秀美、苍古浑厚、树果相宜、叶翠花茂、疏影横斜、枯荣互映的艺术风格。随着新树种的不断发现与应用以及造型技术与造型形式的发展与创新，迄今，以杂木类取材为主，以垂枝式、云片式、自然式树桩盆景为主要代表的中州盆景艺术风格，已独树一帜于中国乃至世界盆坛。

六号展馆

　　六号展馆空间不大，故考虑放置体量较小的禅意盆景和山野草。采用山水画作背景，起到从视觉上扩展空间的效果，展台布采用中国画特有的淡青色，与后面的山水背景融为一体，水天一色，山清水秀。展厅中央布置原木茶台，茶台上亦放置禅意盆景与山野草，营造出浓浓的禅意气息。

大师专家评委现场评选

四

颁奖典礼

展赛获奖作品介绍

展品景名：毓瑞
作者姓名：雷天舟
树种/石材：黄荆
尺寸规格：高100cm

展品景名：惊鸿
作者姓名：史佩元
树种 / 石材：刺柏
尺寸规格：高 95cm

展品景名：森道
作者姓名：史诗
树种 / 石材：刺柏
尺寸规格：高 100cm

展品景名：卧龙
作者姓名：胡大宇
树种 / 石材：胡秃子
尺寸规格：高 90cm

展品景名：临危
作者姓名：张小宝
树种 / 石材：黑松
尺寸规格：高 70cm

展品景名：亦然
作者姓名：郑州植物园
树种 / 石材：侧柏
尺寸规格：高 120cm

展品景名：仲秋风采
作者姓名：西流湖公园
树种 / 石材：石榴
尺寸规格：高95cm

展品景名：待风
作者姓名：郑州植物园
树种 / 石材：三春柳
尺寸规格：高80cm

展品景名：华夏春意
作者姓名：张顺舟
树种 / 石材：怪柳
尺寸规格：高95cm

展品景名：峥嵘岁月数风流
作者姓名：刘木申
树种 / 石材：雀梅
尺寸规格：高 66cm

展品景名：绿影婆娑
作者姓名：姚明建
树种 / 石材：冬红果
尺寸规格：高 60cm

展品景名：高风
作者姓名：边长文
树种 / 石材：黑松
尺寸规格：高 120cm

展品景名：争艳
作者姓名：娄安民
树种 / 石材：石榴
尺寸规格：高 98cm

展品景名：红秀峰
作者姓名：严龙金
树种 / 石材：山水
尺寸规格：宽 100cm

展品景名：青山绿水秀中原
作者姓名：高强
树种 / 石材：山水
尺寸规格：宽 90cm

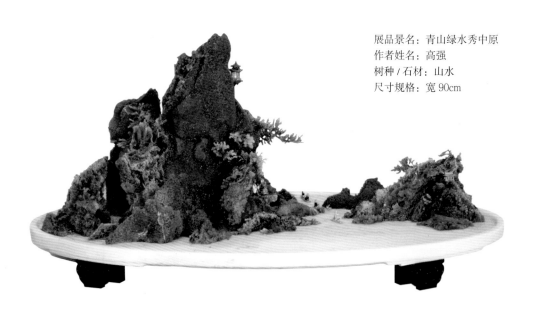

展品景名：教子
作者姓名：李幼田
树种 / 石材：太湖石
尺寸规格：高 72cm

展品景名：欢天喜地
作者姓名：蔡冬林
树种 / 石材：太湖石
尺寸规格：高 53cm

展品景名：古苍
作者姓名：李幼田
树种 / 石材：英德石
尺寸规格：高 55cm

展品景名：小天池
作者姓名：史诗
树种 / 石材：英德石
尺寸规格：宽 67cm

展品景名：小曲园
作者姓名：刘军
树种／石材：英德石
尺寸规格：宽75cm

展品景名：盘龙丘
作者姓名：沈柏龄
树种／石材：九龙壁
尺寸规格：宽90cm

展品景名：狮回头
作者姓名：史佩元
树种 / 石材：英德石
尺寸规格：宽 70cm

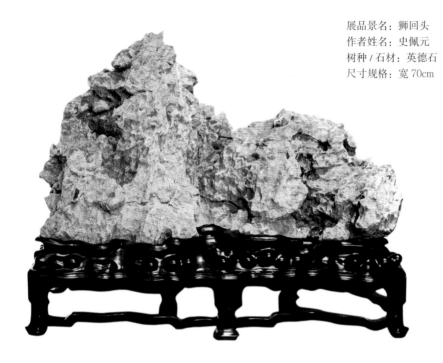

展品景名：落鹰
作者姓名：沈伯平
树种 / 石材：灵璧石
尺寸规格：高 63cm

展品景名：桔颂
作者姓名：平顶山市园林处
树种 / 石材：金弹子
尺寸规格：高 94cm

展品景名：归隐
作者姓名：顾亿华
树种 / 石材：黑松
尺寸规格：高 80cm

展品景名：吟风
作者姓名：牛超想
树种 / 石材：真柏
尺寸规格：高 60cm

展品景名：君子临风
作者姓名：许忠
树种 / 石材：黄杨
尺寸规格：高98cm

展品景名：道风鹤骨
作者姓名：平顶山市园林处
树种 / 石材：水杨梅
尺寸规格：高68cm

展品景名：凌风
作者姓名：边长武
树种 / 石材：黄荆
尺寸规格：高90cm

展品景名：和谐
作者姓名：郑州植物园
树种 / 石材：木瓜
尺寸规格：高85cm

展品景名：秋实
作者姓名：史诗
树种 / 石材：木瓜
尺寸规格：高 70cm

展品景名：醉仙
作者姓名：张勇
树种 / 石材：真柏
尺寸规格：飘长 40cm

展品景名：咏柳
作者姓名：郑州植物园
树种 / 石材：三春柳
尺寸规格：高 120cm

展品景名：素人遗韵
作者姓名：金清
树种 / 石材：金雀
尺寸规格：高 80cm

展品景名：岁月
作者姓名：薛志毅
树种 / 石材：金雀
尺寸规格：高 68cm

展品景名：醉美人
作者姓名：吴竹青
树种 / 石材：老鸦柿
尺寸规格：高 80cm

展品景名：回旋
作者姓名：张小宝
树种 / 石材：真柏
尺寸规格：高 60cm

展品景名：松风
作者姓名：陈诚
树种 / 石材：黑松
尺寸规格：高 95cm

展品景名：临风
作者姓名：田建立
树种 / 石材：对节白蜡
尺寸规格：高 95cm

展品景名：喜鹊登枝
作者姓名：冯明亮
树种/石材：金雀
尺寸规格：高100cm

展品景名：春雨欲滴
作者姓名：杜红雨
树种 / 石材：怪柳
尺寸规格：高 90cm

展品景名：临水
作者姓名：裴清友
树种 / 石材：榆树
尺寸规格：高 90cm

展品景名：汉柏古韵
作者姓名：林明秋
树种 / 石材：真柏
尺寸规格：高 90cm

展品景名：苍柏遗风
作者姓名：赵强
树种 / 石材：真柏
尺寸规格：高 75cm

展品景名：硕果
作者姓名：郑州植物园
树种 / 石材：石榴
尺寸规格：高110cm

展品景名：翠欲
作者姓名：薛志毅
树种 / 石材：金银木
尺寸规格：高108cm

展品景名：东风劲吹
作者姓名：郭振宪
树种 / 石材：侧柏
尺寸规格：高 92cm

展品景名：雨露风情
作者姓名：航海健身园
树种 / 石材：榆树
尺寸规格：高 100cm

展品景名：江南小雪
作者姓名：严龙金
树种 / 石材：山水
尺寸规格：宽 120cm

展品景名：秋荷
作者姓名：李幼田
树种 / 石材：白太湖石
尺寸规格：42cm×37cm

展品景名：神龟
作者姓名：李幼田
树种 / 石材：太湖石
尺寸规格：55cm×46cm

展品景名：麒麟峰
作者姓名：於善波
树种 / 石材：白太湖石
尺寸规格：85cm×59cm

展品景名：曦冉
作者姓名：蔡冬林
树种 / 石材：太湖石
尺寸规格：58cm×62cm

展品景名：天沟
作者姓名：陈诚
树种 / 石材：英德石
尺寸规格：58cm×33cm

展品景名：元宝
作者姓名：李晓红
树种 / 石材：岩洞石
尺寸规格：53cm×20cm

展品景名：万年峰
作者姓名：万月荣
树种 / 石材：白太湖石
尺寸规格：72cm×34cm

展品景名：寒叟
作者姓名：沈建华
树种 / 石材：英德石
尺寸规格：34cm×10cm

展品景名：跃龙门
作者姓名：李幼田
树种／石材：灵璧石
尺寸规格：58cm×53cm

展品景名：傲骨
作者姓名：边长武
树种 / 石材：黄荆
尺寸规格：高 60cm

展品景名：寿云
作者姓名：张勇
树种 / 石材：黑松
尺寸规格：高90cm

展品景名：松籁
作者姓名：史佩元
树种 / 石材：黑松
尺寸规格：高 80cm

展品景名：挺立
作者姓名：张勇
树种 / 石材：黑松
尺寸规格：高 80cm

展品景名：枯荣岁月
作者姓名：吴竹青
树种 / 石材：罗汉松
尺寸规格：高 80cm

展品景名：铭记
作者姓名：思义
树种 / 石材：榆树
尺寸规格：高 60cm

展品景名：平平安安
作者姓名：思义
树种 / 石材：红果
尺寸规格：高 40cm

展品景名：事事如意
作者姓名：思铭
树种 / 石材：老鸦柿
尺寸规格：高 100cm

展品景名：风铃晚唱
作者姓名：陈诚
树种 / 石材：鹅耳枥
尺寸规格：高 50cm

展品景名：山林野趣
作者姓名：思义
树种 / 石材：老鸦柿
尺寸规格：高 90cm

展品景名：苍翠
作者姓名：陈诚
树种 / 石材：黑松
尺寸规格：高 70cm

展品景名：闹春
作者姓名：思义
树种 / 石材：黄梅
尺寸规格：高 60cm

展品景名：春华
作者姓名：吴竹青
树种 / 石材：青枫
尺寸规格：高 60cm

展品景名：醉美
作者姓名：思铭
树种 / 石材：真柏
尺寸规格：高 30cm

展品景名：林神
作者姓名：张勇
树种 / 石材：老鸦柿
尺寸规格：高 95cm

展品景名：红艳
作者姓名：顾亿华
树种 / 石材：海棠
尺寸规格：高 100cm

展品景名：归来
作者姓名：吴竹青
树种 / 石材：黄山松
尺寸规格：高 90cm

展品景名：风雨同舟
作者姓名：娄有志
树种 / 石材：金雀
尺寸规格：高 90cm

展品景名：生命之歌
作者姓名：平顶山市园林局
树种 / 石材：水杨梅
尺寸规格：高 83cm

展品景名：邀月
作者姓名：戴红喜
树种 / 石材：真柏
尺寸规格：高 60cm

展品景名：鸟瞰盛世
作者姓名：王庆生
树种 / 石材：刺柏
尺寸规格：高 76cm

展品景名：秋色
作者姓名：郑州植物园
树种 / 石材：石榴
尺寸规格：高 70cm

展品景名：当歌
作者姓名：梁凤楼
树种 / 石材：石榴
尺寸规格：高 75cm

展品景名：无题
作者姓名：安顺义
树种 / 石材：对节白蜡
尺寸规格：高 100cm

展品景名：无题
作者姓名：张建武
树种 / 石材：榆树
尺寸规格：高 80cm

展品景名：无题
作者姓名：王造根
树种 / 石材：白蜡
尺寸规格：高 120cm

展品景名：无题
作者姓名：雷天舟
树种 / 石材：黄荆
尺寸规格：高 110cm

展品景名：老当力壮
作者姓名：姚明建
树种 / 石材：冬红果
尺寸规格：高 48cm

展品景名：烟岚云峦
作者姓名：冯顺
树种 / 石材：昆石
尺寸规格：高 48cm

展品景名：法眼
作者姓名：李晓红
树种 / 石材：灵璧石
尺寸规格：宽 30cm

展品景名：穹宫
作者姓名：孙强
树种 / 石材：灵璧石
尺寸规格：宽 46cm

展品景名（右）：如意一生
作者姓名：於善波
树种 / 石材：灵璧石
尺寸规格：宽 50cm

展品景名（左）：透玲珑　　　　展品景名（右）：云中龙
作者姓名：刘军　　　　　　　　作者姓名：於凯程
树种 / 石材：太湖石　　　　　　树种 / 石材：昆石
尺寸规格：高 50cm　　　　　　尺寸规格：高 23cm

展品景名：镇石
作者姓名：胡建中
树种 / 石材：灵璧石
尺寸规格：宽 56cm

展品景名：憬然
作者姓名：陈会
树种 / 石材：太湖石
尺寸规格：高 36cm

展品景名：见首
作者姓名：冯顺
树种 / 石材：太湖石
尺寸规格：高 60cm

展品景名：赤壁怀古
作者姓名：於善波
树种 / 石材：灵璧石
尺寸规格：宽 76cm

展品景名：冰雪凝
作者姓名：於善波
树种 / 石材：昆石
尺寸规格：高 76cm

展品景名：涵月
作者姓名：史佩元
树种 / 石材：太湖石
尺寸规格：高 60cm